6세
1권

학교 가기 전
수학에
재미를 붙이는

톡톡
창의력
수학

창의수학연구소 지음

한빛에듀

창의수학연구소는

창의수학연구소를 이끌고 있는 장동수 소장은 국내 최초의 창의력 교재인 [창의력 해법수학]과

영재교육의 새 지평을 연 천재교육 [로드맵 영재수학] 등 250여 권이 넘는 수학 교재를 집필했습니다.

수학은 일반적으로 머리가 좋아야 잘 할 수 있다고 알려져 있지만 연구 결과에 따르면

후천적인 환경의 영향을 많이 받는다고 합니다. 창의수학연구소는 오늘도 우리 아이들이 어떻게

수학에 재미를 붙이고 창의력을 키워나갈 수 있게 할 것인지를 고민하며,

좋은 책과 더 나은 학습 환경을 만들기 위해 노력합니다.

학교 가기 전 수학에 재미를 붙이는

톡톡 창의력 수학 6세 1권

초판 1쇄 발행 2015년 12월 20일
초판 2쇄 발행 2016년 11월 1일
초판 3쇄 발행 2019년 12월 30일

지은이 창의수학연구소 **펴낸이** 김태헌
총괄 임규근 **책임편집 및 기획** 전정아 **진행** 강교리
디자인 천승훈
영업 문윤식, 조유미 **마케팅** 박상용, 손희정, 박수미 **제작** 박성우, 김정우
펴낸곳 한빛에듀 **주소** 서울특별시 서대문구 연희로 2길 62 한빛미디어(주) 실용출판부
전화 02-336-7129 **팩스** 02-325-6300
등록 2015년 11월 24일 제2015-000351호 **ISBN** 978-89-6848-407-0 64410

이 책에 대한 의견이나 오탈자 및 잘못된 내용에 대한 수정 정보는 한빛에듀의 홈페이지나 아래 이메일로
알려주십시오. 잘못된 책은 구입하신 서점에서 교환해 드립니다. 책값은 뒤표지에 표시되어 있습니다.

한빛에듀 홈페이지 edu.hanbit.co.kr / **이메일** edu@hanbit.co.kr

지금 하지 않으면 할 수 없는 일이 있습니다.
책으로 펴내고 싶은 아이디어나 원고를 메일(**writer@hanbit.co.kr**)로 보내주세요.
한빛미디어(주)는 여러분의 소중한 경험과 지식을 기다리고 있습니다.

부모님, 이렇게 도와 주세요!

❶ 우리 아이, 창의력 활동이 처음인가요?

아이가 창의력 활동이 처음이더라도 우리 아이가 잘 할 수 있을까 하고 걱정할 필요는 없습니다. 중요한 것은 어느 나이에 시작하느냐가 아니라 아이가 재미있게 창의력 활동을 시작하는 것입니다. 따라서 아이가 흥미를 보인다면 어느 나이에 시작하든 상관없습니다.

❷ 초등학교에서 배우는 수학과 연결되나요?

취학 전 아동이라면 익숙한 실생활의 다양한 문제들을 반복적으로 풀면서 창의력 기본 개념을 차근차근 깨치는 것이 중요합니다. 그 과정에서 규칙과 규칙을 조합하고 사물의 특성과 본질을 자연스럽게 파악하면서 생각하는 힘과 문제 해결력을 기를 수 있습니다. 이렇게 창의력 활동에 재미를 붙인 아이라면 수학적 논리성과 창의력은 물론 수학에 자신감까지 생기고 성적도 잡을 수 있습니다.

❸ 꼭 순서대로 봐야 하나요?

이제 막 낙서 활동이 시작된 4세 정도의 아이, 창의력 활동이 처음인 아이라면 톡톡 창의력 시리즈의 구성 순서대로 시작하는 것이 좋습니다. 그렇다고 무조건 순서대로 볼 필요는 없습니다. 아이가 먼저 흥미를 느끼고 재미있어 하는 주제가 있다면 그 주제부터 시작해도 됩니다. 중요한 것은 아이가 흥미를 잃지 않고 재미있어야 한다는 점입니다.

❹ 어떻게 도와줘야 하나요?

아이가 부모님이 생각하는 것처럼 빠르지 않더라도 인내심을 가지고 기다리면서 어떤 부분에 흥미를 보이고 수준이 어느 정도인지 파악한 후 아이에게 적당한 교재를 권해주는 것이 좋습니다. 또한 매일 일정한 시간을 정해 적정 분량을 학습하는 것이 필요합니다. 다만 처음부터 너무 많은 분량을 학습시키려고 하지 마세요. 아이가 부담을 느끼면 흥미를 잃을 수 있습니다.

이 책과 함께 보면 좋은
톡톡 창의력 시리즈

유아 4~6세 (만 3~5세)

유아 기초 교재

창의력 활동이 처음인 아이라면 선 긋기, 그림 찾기, 색칠하기, 미로 찾기, 숫자 쓰기, 종이 접기, 한글 쓰기, 알파벳 쓰기 등의 톡톡 창의력 시작하기 교재로 시작하세요. 아이가 좋아하는 그림과 함께 칠하고 쓰고 그리면서 자연스럽게 필기구를 다루는 방법을 익히고 협응력과 집중력을 기를 수 있습니다.

유아 5~7세

유아 창의력 수학 교재

아이가 흥미를 느끼고 재미있게 창의력 활동을 시작할 수 있도록 아이들이 좋아하는 그림으로 문제를 구성했습니다. 또한 아이들이 생활 주변에서 흔히 접할 수 있는 친근하고 재미있는 문제를 연령별 수준과 난이도에 맞게 구성했습니다. 생활 주변 문제를 반복적으로 풀어봄으로써 상상력과 창의적 사고를 키우는 습관을 자연스럽게 기를 수 있습니다.

5세

1권

6세

1～5권

7세

1～6권

**예비
초등**

6~7세

그림으로 배우는 유아 창의력 수학 교재

글이 아닌 그림으로 문제를 구성하여 아이가 자유롭게 상상하며 스스로 질문을 찾아 문제 해결력을 높일 수 있도록 했습니다. 가끔 힌트를 주거나 간단한 가이드 정도는 주되, 아이가 문제를 바로 이해하지 못하더라도 부모님이 직접 가르쳐주지 마세요. 옆에서 응원하고 기다리다 보면 아이 스스로 생각하며 해결하는 능력을 깨우치게 됩니다.

이 책의 차례

기억력을 키워요

다음 그림을 30초 동안 꼼꼼하게 잘 살펴보세요.
그런 다음 그림에 없는 것을 아래에서 찾아 ×표 해 보세요.

다음 그림을 30초 동안 잘 살펴보세요. 그런 다음 오른쪽에서 어떤 것들이 나오는지 찾아서 문제를 해결해 보세요.

다음 그림 중 왼쪽에 나오는 것을 한 가지씩 찾아 ○표 해 보세요.

다음 그림을 30초 동안 잘 살펴보세요. 그런 다음 오른쪽에서 어떤 것들이 나오는지 찾아서 문제를 해결해 보세요.

다음 그림 중 왼쪽에 나오는 것을 한 가지씩 찾아 ○표 해 보세요.

11

다음 그림을 30초 동안 잘 살펴보세요. 그런 다음 오른쪽에서 어떤 것들이 나오는지 찾아서 문제를 해결해 보세요.

다음 그림 중 왼쪽에 나오는 것을 한 가지씩 찾아 ○표 해 보세요.

다음 그림을 30초 동안 잘 살펴보세요. 그런 다음 오른쪽에서 어떤 것들이 나오는지 찾아서 문제를 해결해 보세요.

다음 그림 중 왼쪽에 나오는 것을 한 가지씩 찾아 ○표 해 보세요.

위쪽 그림을 30초 동안 잘 살펴보고 종이로 그림을 가리세요. 그런 다음 그림에 나오지 않은 것을 아래에서 모두 찾아 ×표 해 보세요.

기울어진 저울을 보고 무게를 비교해요

곰, 사자, 하마가 몸무게를 비교해요.
아래 그림을 보고 가장 무거운 동물을 찾아 ○표 해 보세요.

그림을 보고 무게를 비교하여 더 무거운 동물에 ○표 해 보세요.

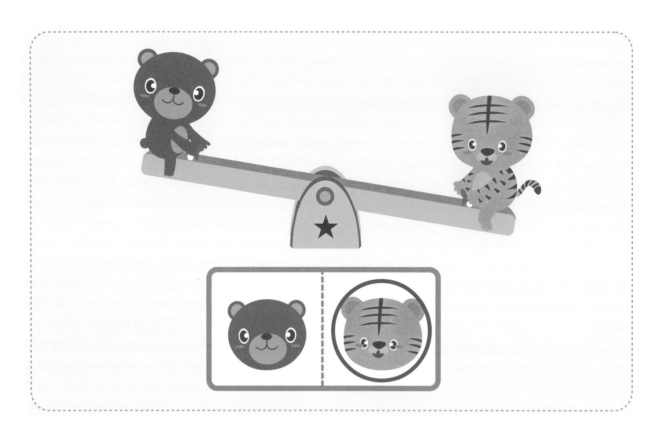

그림을 보고 무게를 비교하여 더 무거운 동물에 ○표 해 보세요.

두 양팔 저울에서 과일의 무게를 비교해 보고 가장 무거운 과일을
찾아 ○표 해 보세요.

두 양팔 저울에서 과일의 무게를 비교해 보고 가장 무거운 과일을 찾아 ○표 해 보세요.

두 양팔 저울에서 채소의 무게를 비교해 보고 가장 무거운 채소를 찾아 ○표 해 보세요.

22

두 양팔 저울에서 채소의 무게를 비교해 보고 가장 무거운 채소를
찾아 ○표 해 보세요.

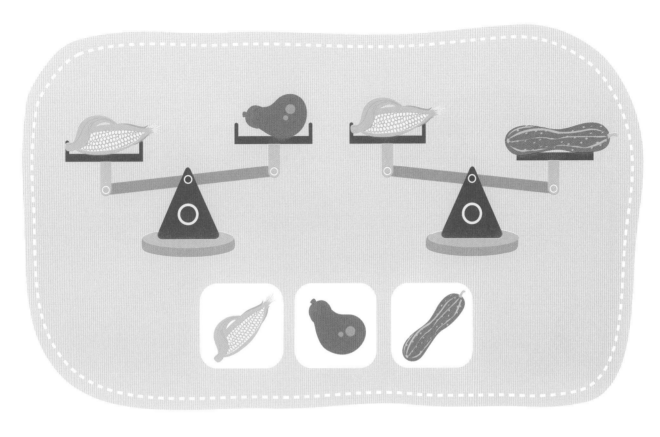

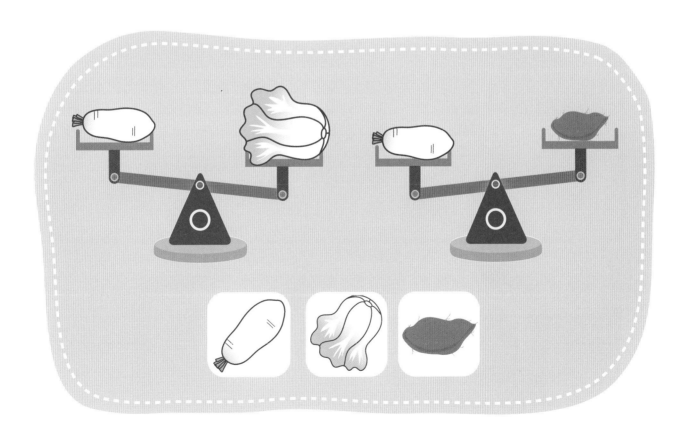

두 시소에 있는 아이들의 무게를 비교해 보고 가장 가벼운 어린이를 찾아 ○표 해 보세요.

두 시소에 있는 아이들의 무게를 비교해 보고 가장 가벼운 어린이를 찾아 ○표 해 보세요.

두 시소에 있는 동물들의 무게를 비교해 보고 가장 가벼운 동물을
찾아 ○표 해 보세요.

관계없는 것을 찾아요

은영이는 산 그림을 예쁘게 그렸어요.
은영이가 그린 그림 중 주위와 어울리지 않는 것을 찾아 ×표 해 보세요.

그림을 잘 보고 두 그림이 서로 관계가 있으면 ○표, 관계가 없으면
×표 해 보세요.

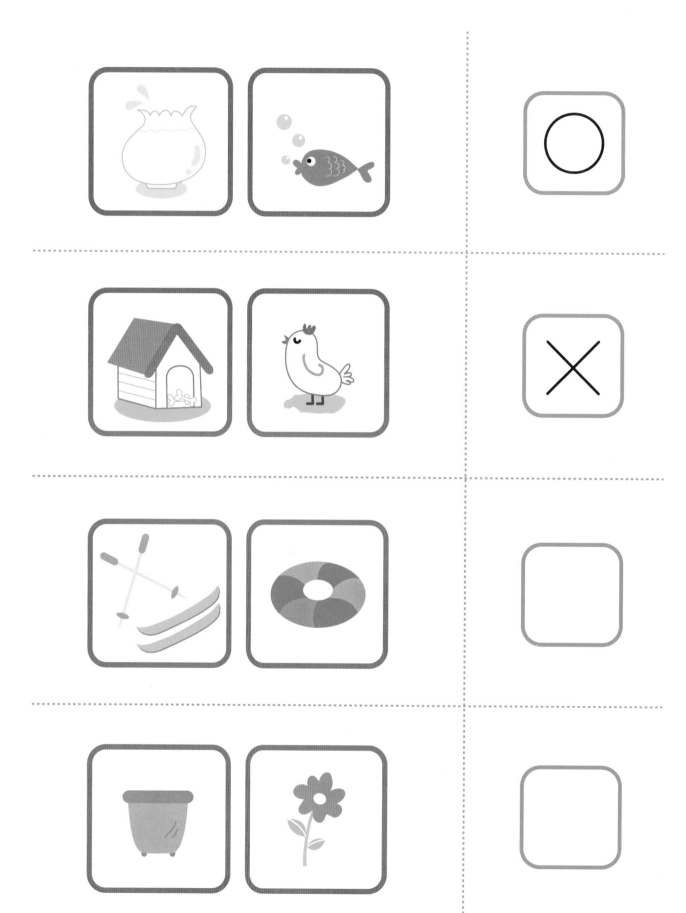

그림을 잘 보고 두 그림이 서로 관계가 있으면 ○표, 관계가 없으면 ×표 해 보세요.

왼쪽 그림을 잘 보고 관계없는 그림을 찾아 ×표 해 보세요.

왼쪽 그림을 잘 보고 관계없는 그림을 찾아 ×표 해 보세요.

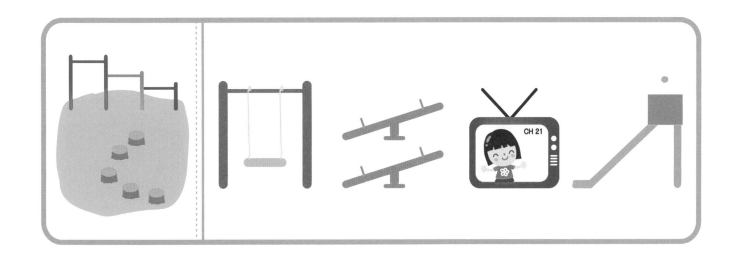

왼쪽 그림을 잘 보고 관계없는 그림을 찾아 ×표 해 보세요.

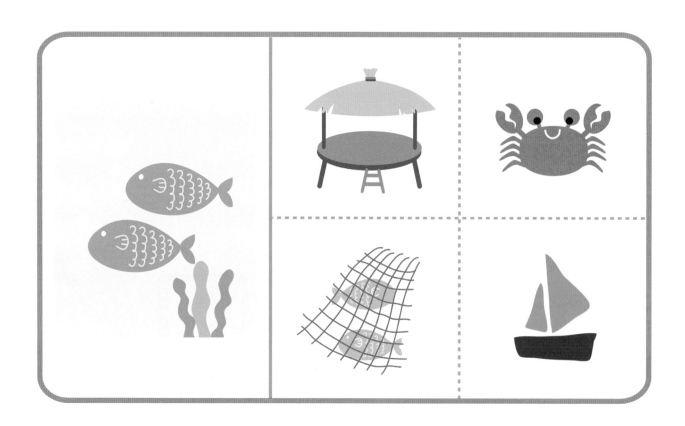

 왼쪽 그림을 잘 보고 관계없는 그림을 찾아 ×표 해 보세요.

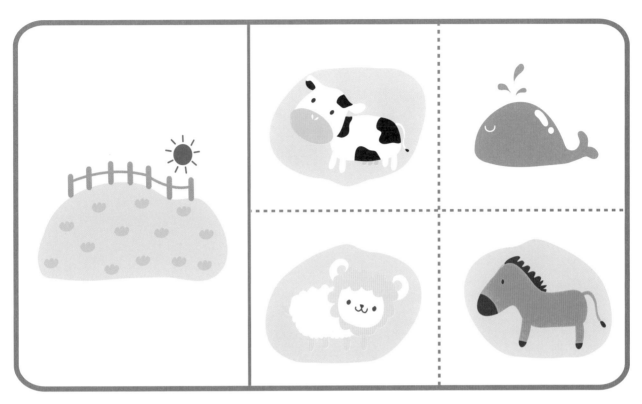

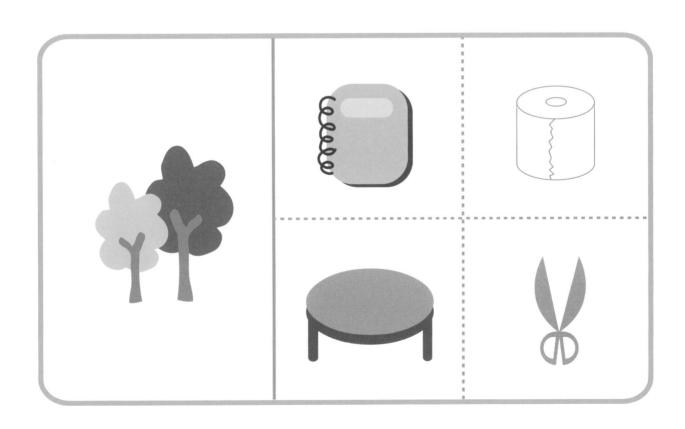

왼쪽 그림을 잘 보고 관계없는 그림을 찾아 ×표 해 보세요.

왼쪽 그림을 잘 보고 관계없는 그림을 찾아 ×표 해 보세요.

왼쪽 그림을 잘 보고 관계없는 그림을 찾아 ×표 해 보세요.

위쪽 그림을 잘 보고 관계없는 그림을 찾아 ×표 해 보세요.

왼쪽과 오른쪽을 구별해요

친구들이 눈싸움을 하고 있어요.
왼쪽 손에 눈 뭉치를 들고 있는 친구를 찾아 ○표 해 보세요.

왼쪽 손에 풍선을 들고 있으면 ○표, 오른쪽 손에 풍선을 들고 있으면 ×표 해 보세요.

왼쪽 손에 풍선을 들고 있으면 ○표, 오른쪽 손에 풍선을 들고 있으면 ×표 해 보세요.

왼쪽 손에 가방을 들고 있는 어린이를 모두 찾아 ○표 해 보세요.

 오른쪽 손으로 우산을 들고 있는 어린이를 모두 찾아 ○표 해 보세요.

왼쪽 손에 빨간색 풍선을 들고 있는 어린이를 모두 찾아 ○표 해 보
세요.

오른쪽 발에 빨간색 양말을 신고 있는 어린이를 모두 찾아 ○표 해 보세요.

오려낸 모양을 찾아요

말썽꾸러기 친구가 커텐을 잘라 옷을 만들어 입었어요.
커텐으로 옷을 만들어 입은 친구를 찾아 ○표 해 보세요.

색종이로 여러 가지 모양을 오렸어요. 오려낸 모양이 맞으면 ○표, 맞지 않으면 ×표 해 보세요.

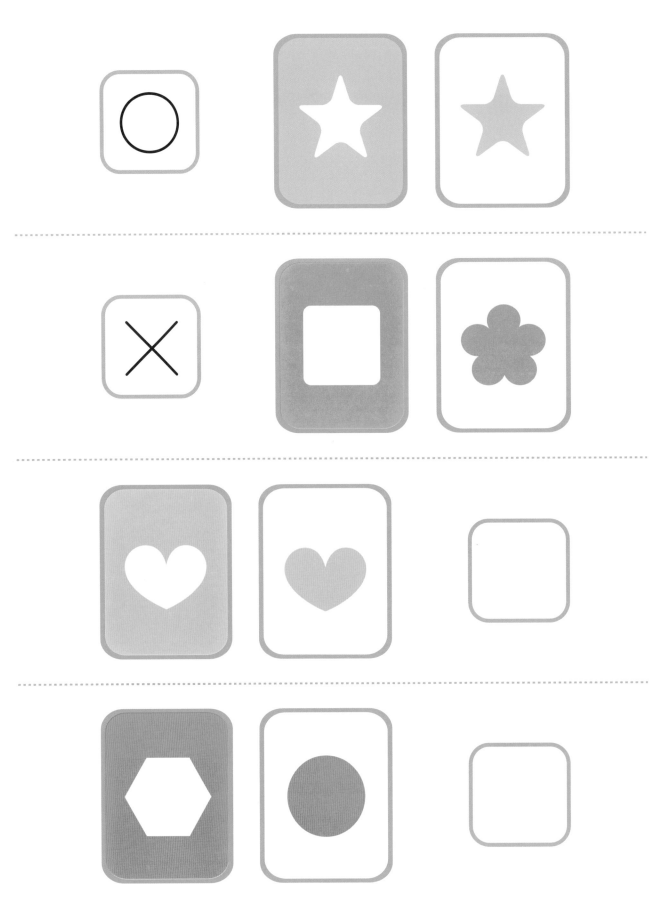

 색종이로 여러 가지 모양을 오렸어요. 오려낸 모양이 맞으면 ○표, 맞지 않으면 ×표 해 보세요.

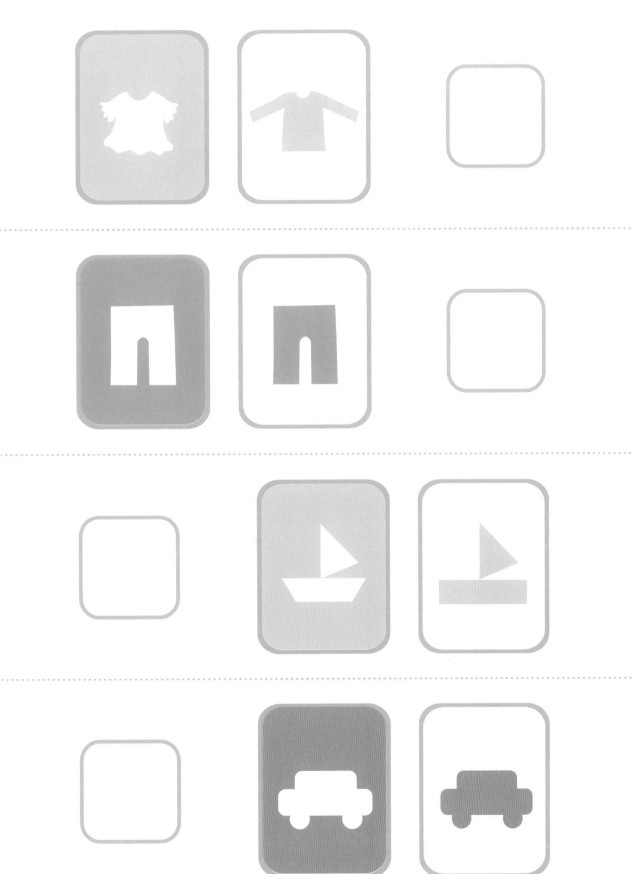

색종이로 여러 가지 모양을 오렸어요. 오려낸 모양을 찾아 ○표 해
보세요.

색종이로 여러 가지 모양을 오렸어요. 오려낸 모양을 찾아 ○표 해 보세요.

색종이로 여러 가지 모양을 오렸어요. 오려낸 모양을 찾아 ○표 해 보세요.

색종이로 여러 가지 모양을 오렸어요. 오려낸 모양을 찾아 ○표 해 보세요.

색종이로 여러 가지 모양을 오렸어요. 오려낸 모양을 찾아 ○표 해 보세요.

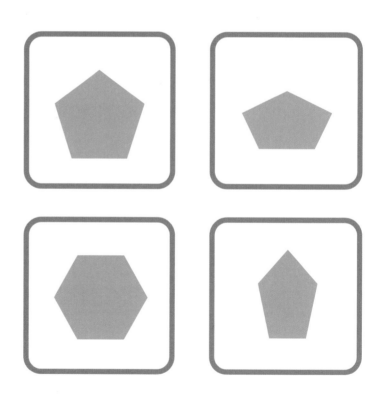

색종이로 여러 가지 모양을 오렸어요. 오려낸 모양을 찾아 ○표 해
보세요.

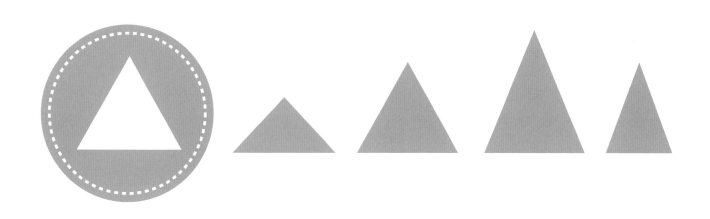

예쁜 천으로 여러 가지 모양을 오렸어요. 오려낸 천 조각을 찾아 ○표
해 보세요.

같은 것을 찾아요

주훈이가 자전거를 타요.
그림을 잘 살펴보고 그림에 있는 것끼리 모아 놓은 것을 찾아 ○표 해 보세요.

왼쪽에 놓인 사물과 오른쪽에 놓인 사물이 같으면 ○표, 다르면 ×표 해 보세요.

왼쪽에 놓인 사물과 오른쪽에 놓인 사물이 같으면 ○표, 다르면 ×표 해 보세요.

왼쪽과 같은 사물들만 모아 놓은 것을 찾아 ○표 해 보세요.

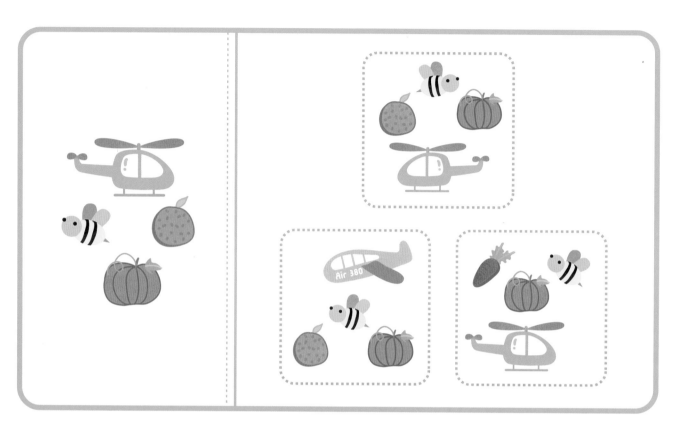

왼쪽과 같은 사물들만 모아 놓은 것을 찾아 ○표 해 보세요.

왼쪽과 같은 사물들만 모아 놓은 것을 찾아 ○표 해 보세요.

왼쪽과 같은 사물들만 모아 놓은 것을 찾아 ◯표 해 보세요.

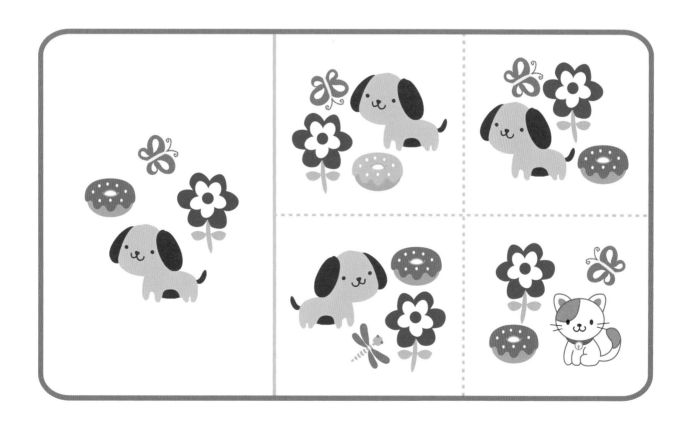

왼쪽과 같은 사물들만 모아 놓은 것을 찾아 ○표 해 보세요.

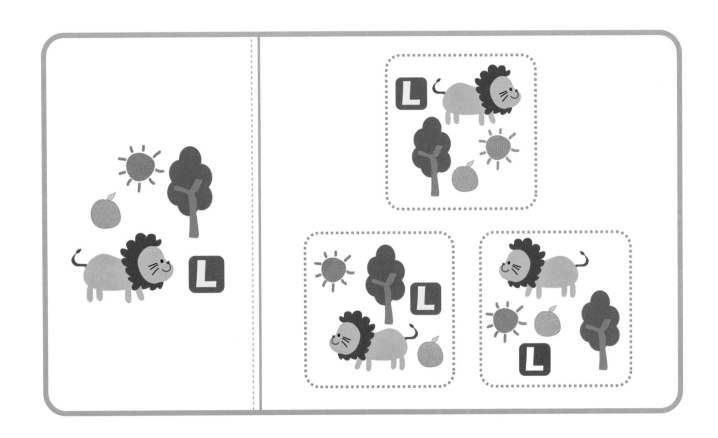

왼쪽과 같은 사물들만 모아 놓은 것을 찾아 ○표 해 보세요.

위쪽과 같은 사물들만 모아 놓은 것을 찾아 ○표 해 보세요.

기호에 맞는 얼굴을 찾아요

혜린이네 강아지를 훔쳐간 사람의 특징은 다음과 같아요.
강아지를 훔쳐간 사람을 아래에서 찾아 ○표 해 보세요.

혜린이네 강아지

용의자의 특징

시후야, 연아야!
내 강아지
꼭 좀 찾아줘!

강아지 도둑을 찾습니다

보기의 그림을 보고 기호에 맞게 얼굴을 그린 것에는 ○표, 기호에 맞게 그리지 않은 것에는 ×표 해 보세요.

A1	A2	A3	A4	A5
B1	B2	B3	B4	B5
C1	C2	C3	C4	C5
D1	D2	D3	D4	D5
E1	E2	E3	E4	E5

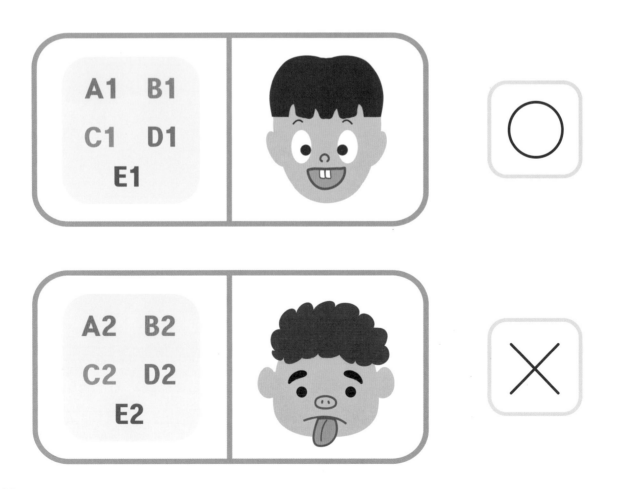

A1 B1
C1 D1
E1
○

A2 B2
C2 D2
E2
×

A3 B3
C3 D3
E3

A4 B4
C4 D4
E4

A5 B5
C5 D5
E5

A1 B2
C3 D4
E5

보기의 그림을 보고 왼쪽 기호에 맞게 얼굴을 그린 것을 찾아 ○표 해 보세요.

A1	A2	A3	A4	A5
B1	B2	B3	B4	B5
C1	C2	C3	C4	C5
D1	D2	D3	D4	D5
E1	E2	E3	E4	E5

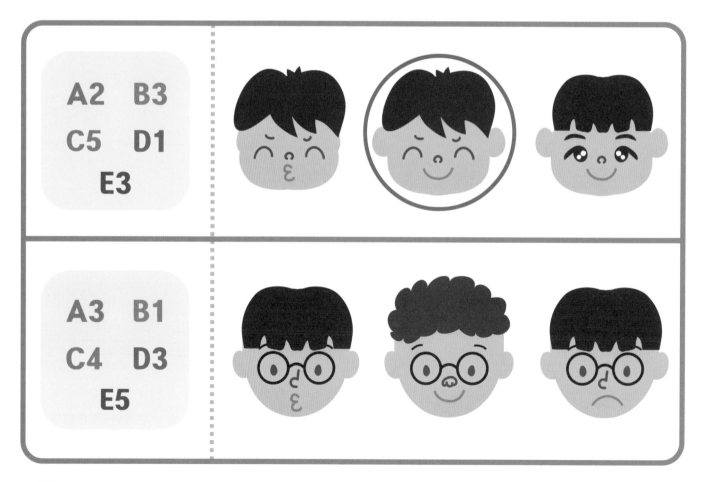

A2 B3 C5 D1 E3

A3 B1 C4 D3 E5

A1 B3
C4 D5
E4

A4 B2
C3 D2
E2

A5 B4
C1 D3
E1

A2 B5
C2 D4
E3

보기의 그림을 보고 기호에 맞게 얼굴을 그린 것에는 ○표, 기호에 맞게 그리지 않은 것에는 ×표 해 보세요.

A1	A2	A3	A4	A5
B1	B2	B3	B4	B5
C1	C2	C3	C4	C5
D1	D2	D3	D4	D5
E1	E2	E3	E4	E5

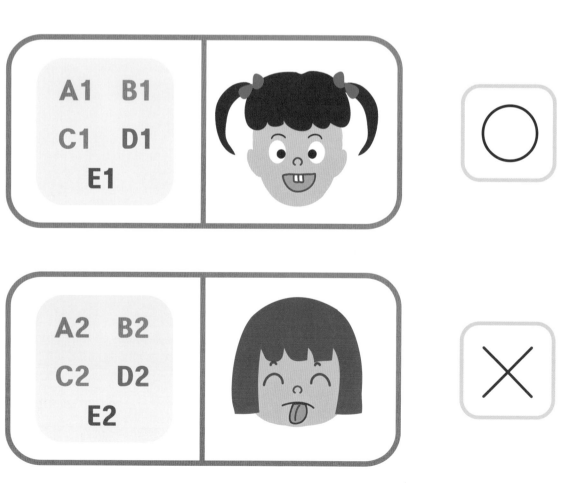

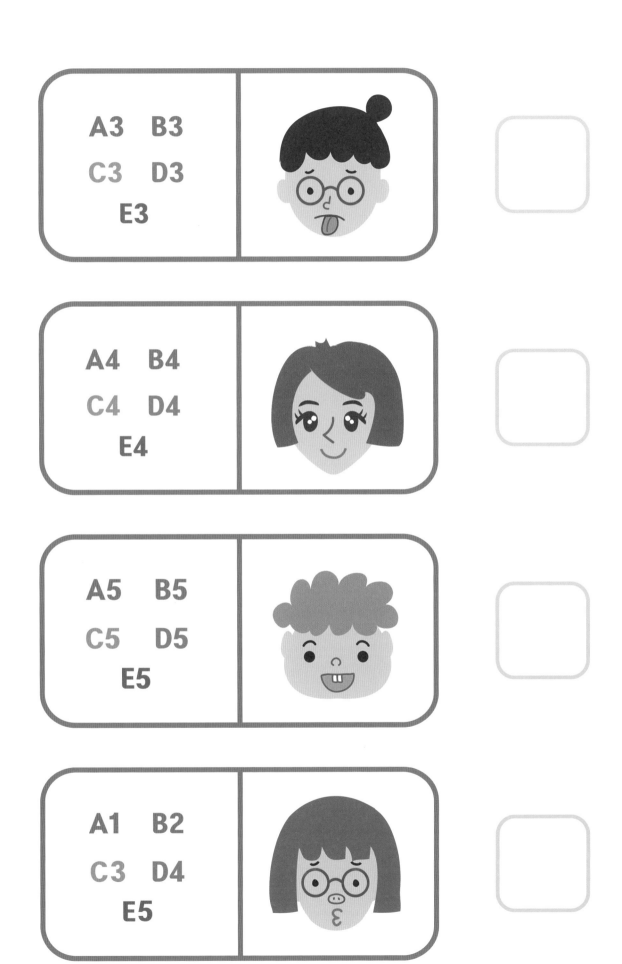

A3　B3
C3　D3
E3

A4　B4
C4　D4
E4

A5　B5
C5　D5
E5

A1　B2
C3　D4
E5

보기의 그림을 보고 왼쪽 기호에 맞게 얼굴을 그린 것을 찾아 ○표 해 보세요.

A1	A2	A3	A4	A5
B1	B2	B3	B4	B5
C1	C2	C3	C4	C5
D1	D2	D3	D4	D5
E1	E2	E3	E4	E5

A4 B3
C5 D1
E2

A1 B2
C4 D3
E5

A2 B3
C4 D1
   E4

A5 B1
C3 D2
   E4

A3 B4
C1 D5
   E2

A4 B5
C2 D1
   E3

앞 보기의 그림을 보고 왼쪽 기호에 맞게 얼굴을 그린 것을 찾아 ◯표 해 보세요.

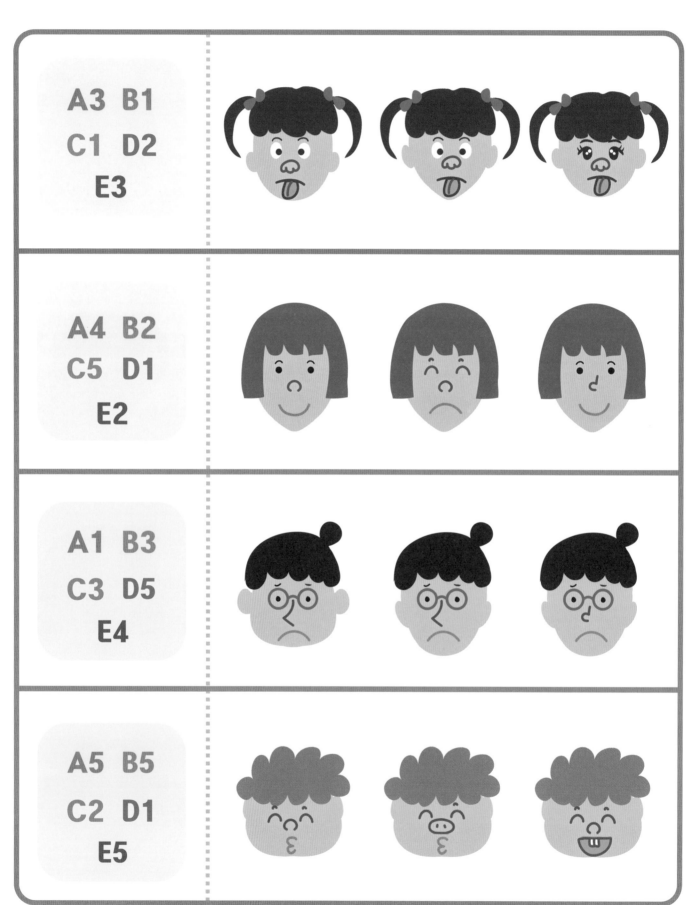

A3 B1
C1 D2
E3

A4 B2
C5 D1
E2

A1 B3
C3 D5
E4

A5 B5
C2 D1
E5

뒷모습을 찾아요

호랑이와 토끼가 시소를 타고 있어요.
정우가 이 시소를 보았을 때 어떻게 보일지 아래에서 찾아 ◯표 해 보세요.

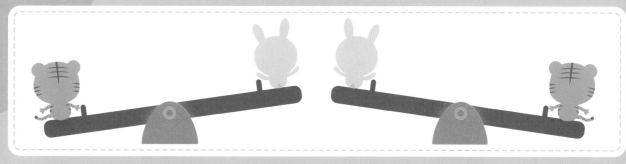

왼쪽 동물을 뒤에서 본 모습을 오른쪽에 그렸어요. 뒷모습이 맞으면 ○표, 틀리면 ×표 해 보세요.

왼쪽 동물을 뒤에서 본 모습을 오른쪽에 그렸어요. 뒷모습이 맞으면 ○표, 틀리면 ×표 해 보세요.

위쪽 어린이를 뒤에서 보았을 때 알맞은 그림을 찾아 ○표 해 보세요.

왼쪽 어린이를 뒤에서 보았을 때 알맞은 그림을 찾아 〇표 해 보세요.

왼쪽 어린이를 뒤에서 보았을 때 알맞은 그림을 찾아 ○표 해 보세요.

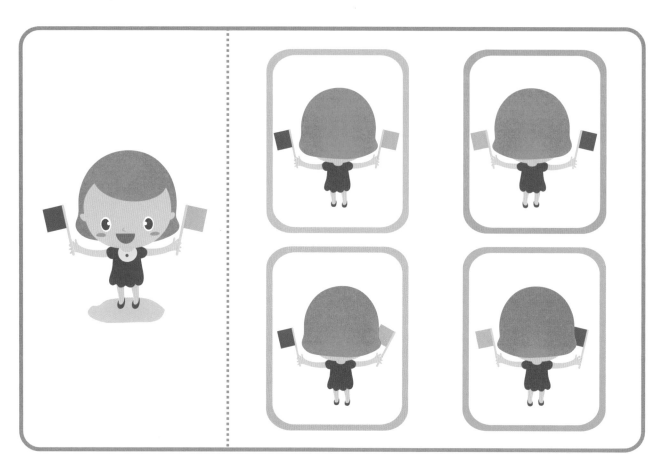

왼쪽 어린이를 뒤에서 보았을 때 알맞은 그림을 찾아 ○표 해 보세요.

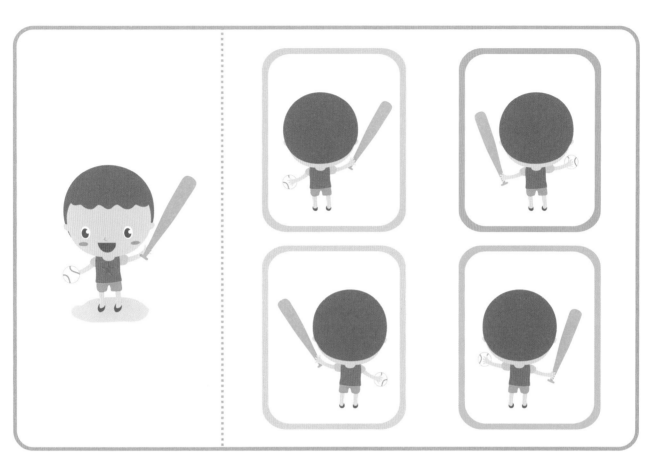

위쪽 어린이를 뒤에서 보았을 때 알맞은 그림을 찾아 ○표 해 보세요.

왼쪽 어린이를 뒤에서 보았을 때 알맞은 그림을 찾아 ○표 해 보세요.

위쪽 어린이를 뒤에서 보았을 때 알맞은 그림을 찾아 ○표 해 보세요.

기억력을 키워요

다음 그림을 30초 동안 꼼꼼하게 잘 살펴보세요.
그런 다음 그림에 없는 것을 아래에서 찾아 ×표 해 보세요.

7

다음 그림을 30초 동안 잘 살펴보세요. 그런 다음 오른쪽에서 어떤
것들이 나오는지 찾아서 문제를 해결해 보세요.

8

다음 그림 중 왼쪽에 나오는 것을 한 가지씩 찾아 ○표 해 보세요.

9

다음 그림을 30초 동안 잘 살펴보세요. 그런 다음 오른쪽에서 어떤
것들이 나오는지 찾아서 문제를 해결해 보세요.

10

다음 그림 중 왼쪽에 나오는 것을 한 가지씩 찾아 ○표 해 보세요.

11

다음 그림을 30초 동안 잘 살펴보세요. 그런 다음 오른쪽에서 어떤
것들이 나오는지 찾아서 문제를 해결해 보세요.

12

다음 그림 중 왼쪽에 나오는 것을 한 가지씩 찾아 ○표 해 보세요.

13

위쪽 그림을 30초 동안 잘 살펴보고 종이로 그림을 가리세요. 그런
다음 그림에 나오지 않은 것을 아래에서 모두 찾아 ×표 해 보세요.

16

다음 그림을 30초 동안 잘 살펴보세요. 그런 다음 오른쪽에서 어떤
것들이 나오는지 찾아서 문제를 해결해 보세요.

14

다음 그림 중 왼쪽에 나오는 것을 한 가지씩 찾아 ○표 해 보세요.

15

기울어진 저울을 보고 무게를 비교해요

곰, 사자, 하마가 몸무게를 비교해요.
아래 그림을 보고 가장 무거운 동물을 찾아 ○표 해 보세요.

17

18

19

20

21

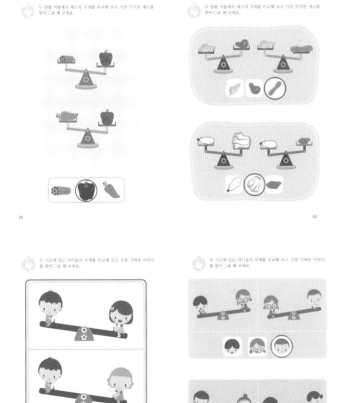

22

23

24

25

두 시소에 있는 동물들의 무게를 비교해 보고 가장 가벼운 동물을
찾아 ○표 해 보세요.

26

관계없는 것을 찾아요

은영이는 산 그림을 예쁘게 그렸어요.
은영이가 그린 그림 중 주위와 어울리지 않는 것을 찾아 ×표 해 보세요.

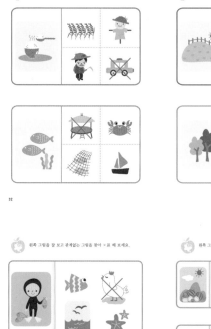

위쪽 그림을 잘 보고 관계없는 그림을 찾아 ×표 해 보세요.

왼쪽과 오른쪽을 구별해요

친구들이 눈싸움을 하고 있어요.
왼쪽 손에 눈 뭉치를 들고 있는 친구를 찾아 ○표 해 보세요.

37

38

왼쪽 손에 풍선을 들고 있으면 ○표, 오른쪽 손에 풍선을 들고 있으면 ×표 해 보세요.

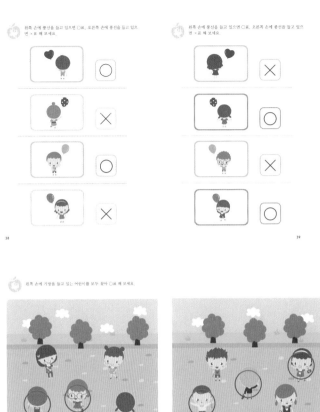

왼쪽 손에 풍선을 들고 있으면 ○표, 오른쪽 손에 풍선을 들고 있으면 ×표 해 보세요.

39

왼쪽 손에 가방을 들고 있는 어린이를 모두 찾아 ○표 해 보세요.

40

41

오른쪽 손으로 우산을 들고 있는 어린이를 모두 찾아 ○표 해 보세요.

42

43

왼쪽 손에 빨간색 풍선을 들고 있는 어린이를 모두 찾아 ○표 해 보세요.

44

45

오른쪽 발에 빨간색 양말을 신고 있는 어린이를 모두 찾아 ○표 해 보세요.

46

오려낸 모양을 찾아요

말썽꾸러기 친구가 커텐을 잘라 옷을 만들어 입었어요.
커텐으로 옷을 만들어 입은 친구를 찾아 ○표 해 보세요.

47

48

49

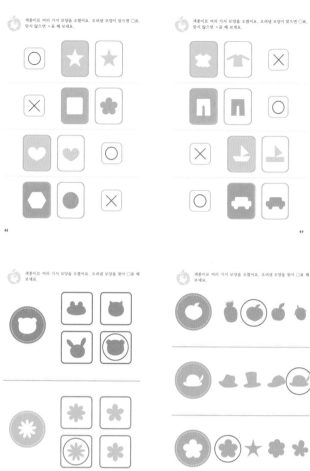

50

51

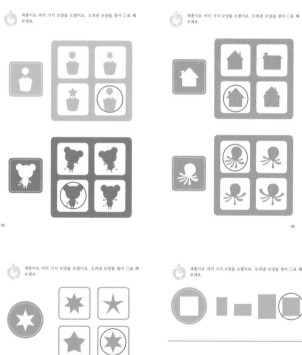

52

53

54

55

예쁜 천으로 여러 가지 모양을 오렸어요. 오려낸 천 조각을 찾아 ○표
해 보세요.

56

92

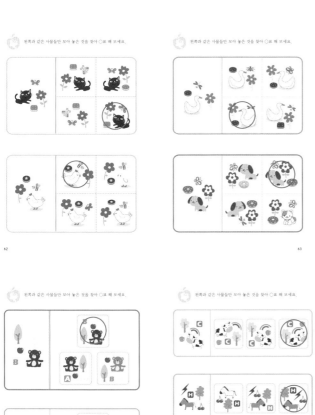

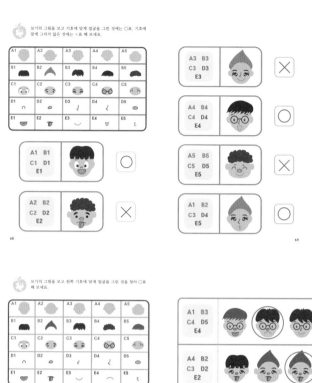

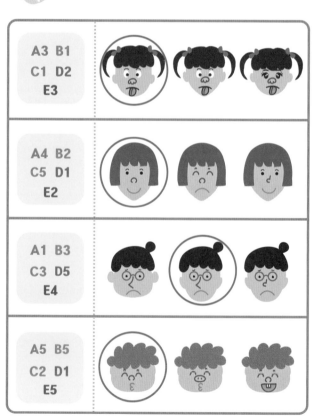

뒷모습을 찾아요

호랑이와 토끼가 시소를 타고 있어요.
정우가 이 시소를 보았을 때 어떻게 보일지 아래에서 찾아 ○표 해 보세요.

77

위쪽 동물을 뒤에서 본 모습을 오른쪽에 그렸어요. 뒷모습이 맞으면 ○표, 틀리면 ×표 해 보세요.

○

×

×

○

78

위쪽 동물을 뒤에서 본 모습을 오른쪽에 그렸어요. 뒷모습이 맞으면 ○표, 틀리면 ×표 해 보세요.

○

×

○

×

79

위쪽 어린이를 뒤에서 보았을 때 알맞은 그림을 찾아 ○표 해 보세요.

80

위쪽 어린이를 뒤에서 보았을 때 알맞은 그림을 찾아 ○표 해 보세요.

81

위쪽 어린이를 뒤에서 보았을 때 알맞은 그림을 찾아 ○표 해 보세요.

82

위쪽 어린이를 뒤에서 보았을 때 알맞은 그림을 찾아 ○표 해 보세요.

83

위쪽 어린이를 뒤에서 보았을 때 알맞은 그림을 찾아 ○표 해 보세요.

84

위쪽 어린이를 뒤에서 보았을 때 알맞은 그림을 찾아 ○표 해 보세요.

85

위쪽 어린이를 뒤에서 보았을 때 알맞은 그림을 찾아 ○표 해 보세요.

86